鬼太郎的餐桌

ゲゲゲの食卓

武良布枝（むらぬのえ）

寫在前面

我出生在日本島根縣的安來市。後來成為我先生的武良茂也就是漫畫家水木茂，他的故鄉在境港，正好與我老家隔著中海遙遙相對。

因為是鄉下地方，平日煮的大多是發揮季節食材與當今物產原味的家常菜。如今回想起來，每一道菜都質樸有味。而最終，這個故鄉的味道也變成了我家

餐桌的原點。

由於在鄉下煮的都非常簡單，初次到東京的時候，簡直要慌了手腳。

我二十九歲嫁到水木家，第一次看到瓦斯爐。在這之前，在安來娘家都是使用爐灶燒飯的。這對我而言真是一次文化衝擊。雖然水木家老朽破舊，卻有一台利用冰塊製冷的冰箱，那是水木的哥哥汰換轉送給他的。但是家裡實在沒錢，只能向定期送冰塊的店家說：「不用再送冰塊來了。」因此，事實上我們家做的菜甚至比在鄉下時更簡單。

從昭和三十六年（一九六一）結婚後的數年間，我一直為家中經濟所苦，但水木在吃的方面從來沒有為難過我。對我端上桌的菜，也從未有任何怨言。想來真是難為愛吃的他了。

但我還是希望工作忙碌的水木能夠多補充體力，每天吃飽一點，於是便想方設法在料理上下了許多工夫。

例如利用吐司皮可增添飽足感，或是試著將蔬果連皮帶果核烹調到能入口的程度。

我創作出了好幾道這本書裡介紹的「缺錢料理」。雖然這名稱給人不怎麼好的印象，但味道可完全不貧乏，絕對能讓人吃得津津有味。

昭和三十七年（一九六二），我的第一個孩子出生，經濟情況仍未見改善。甚至有朋友看到我們一家慘淡的模樣，說：「布枝啊，真佩服你一路不離不棄地跟著水木先生。」但是，那時候只能咬緊牙根撐下去了。我從沒想過放棄退縮。我早已做好了應有的覺悟。

終於，水木長年不懈的努力總算有了回報，工作也上了軌道。然而，伴隨而來的，卻是愈來愈龐大的工作量。

由於他整天都待在工作室，又很晚起床，平日大家能聚在一起吃飯只有晚餐時光。回想起來，那段時間幾乎沒和他在餐桌上聊過天，而他吃飯的時候也總是報紙不離手地讀著。想必是拚命在尋找漫畫的靈感吧。那時候的水木也十分痛苦，但他對工作的努力與渴望，還有覺悟，那可真是全心全意地投入。望著他努力的身影我十分感動。

水木的身體從沒什麼生過病痛，我煮的菜他是來者不拒。「哇，好吃！」他喜歡吃，我做起菜也就更起勁。兩個女兒也是如此，完全不偏食、不浪費食物。嗯，水木和我都是愛吃的人，女兒們應該也遺傳到我們好吃的個性吧。

在整理這本書的時候，我回想起每一道曾豐富家中餐桌的料理，令人好生懷念。

但因為是幾十年前的事了，所以女兒們也一起幫我回憶從前的時光。我很感動，她們倆對我做的每道菜，現在仍然清楚記得。

在製作這本書的過程中，水木也不忘插嘴說：「我最喜歡老婆做的味噌湯、米粉還有高麗菜捲！」

「我想吃媽媽做的飯！」

只要家人這麼對我說，我就會燃起鬥志，繼續站在廚房裡勉力做出好吃的菜來。然後，希望他們再次對我說：「果然好好吃喔，媽媽。」

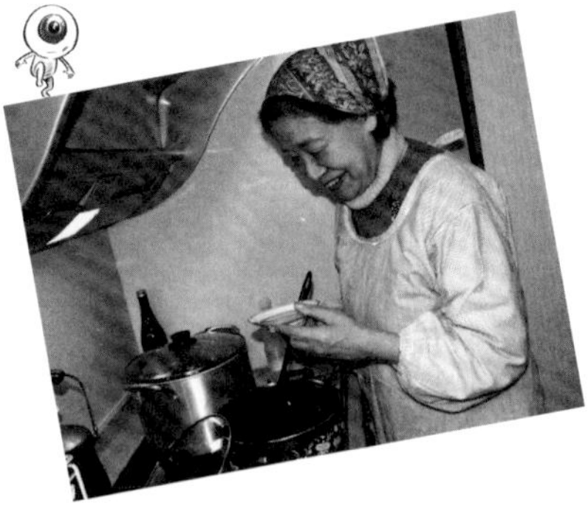

武良布枝

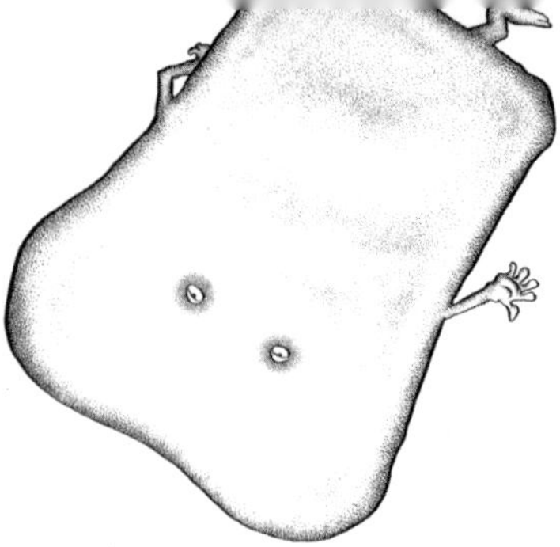

目次

專欄

水木家 Memo

●本書食譜所記載的材料分量，一杯是 200ml、1 大匙是 15ml、1 小匙是 5ml、米一杯（合）是 180ml。

我嫁到水木家後，讓我大吃一驚的是，
家裡沒錢。
「那只能動腦筋克服了」，
於是想了各式各樣的菜色。
當然，料理即使不花錢，但仍保證風味十足。

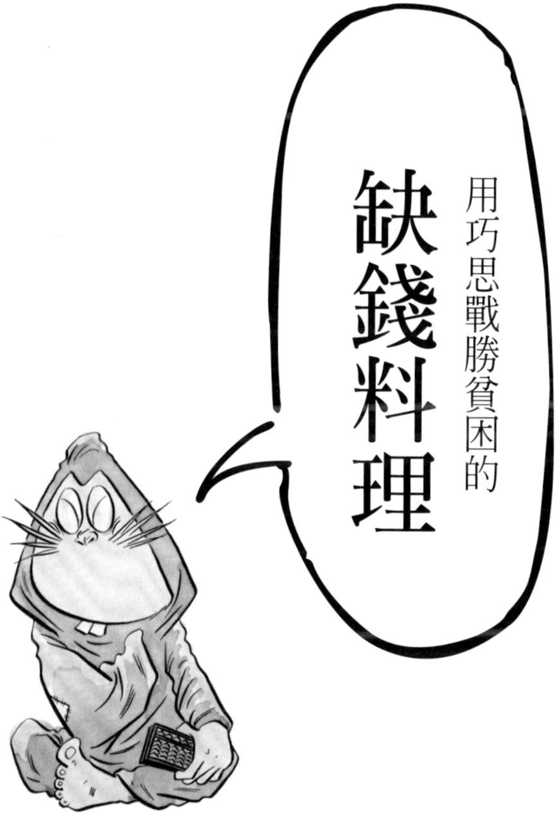

胖餃子

ふとっちょ ギョーザ

即使只有少許肉餡，但分量依舊令人滿足！
加入乾香菇與蝦米，味道正宗一級棒。

ふとっちょギョーザ
胖餃子

準備材料（24顆份）

豬絞肉——200g
鹽——½小匙
胡椒粉——適量
白菜（或高麗菜）——3大片
乾香菇——2朵
蝦米——2大匙
韭菜（切末）——1把
A 太白粉——2大匙
芝麻油——1小匙
餃子皮——24片
沙拉油——適量
熱水——½量杯
B 醋、醬油、黃芥末醬——各適量

肉餡以白菜增加分量，並在餃子皮上放入幾乎滿溢的餡料，這就是我家特製的餃子。由於餡料太滿，包好的餃子最後會呈現半月的形狀。包餃子時，要手巧靈活地捏緊餃子皮邊緣僅存一點的空隙，以防散開，家人對此感到十分佩服。

會想出這道料理，是因爲當時沒有錢買足夠的肉。因此，我便加入了大量的青菜。講到「缺錢料理」似乎不怎麼中聽，但能攝取到充足的青菜，對家人健康有益。

甚至連水木製作公司單身未娶的助理也說：「好吃！」後來，那名助理結了婚，在家也不時誇我煎的餃子有多好吃，這下惹惱太太，一氣之下便說：「以後再也不包餃子了。」

有人如此誇讚我的手藝，我眞的很高興。果然，我們家的餃子就要包得「胖胖」的才好。

作法

1 將白菜稍微汆燙後，剁碎瀝乾水分。接著把乾香菇、蝦米泡水，除去香菇的蒂頭並剁碎。

2 將豬絞肉放入大碗，並加入鹽、胡椒粉攪拌到有黏性爲止。接著再放入①的白菜、乾香菇、蝦米、韭菜，最後再放入A等材料加以混合攪拌。將拌好的餡料均分，並在餃子皮上放滿餡料包上。

3 將沙拉油倒入平底鍋加熱，放入③包好的餃子排好。煎至底部呈現焦黃色後，倒入熱水並蓋上鍋蓋稍微悶燒。等水蒸氣慢慢散去後再打開鍋蓋，煎至水分收乾。

4 將煎好的餃子裝盤，備上B等佐料。

水木家 Memo 1

感謝讓我們賒帳的米店老闆

當年我嫁到東京調布來的時候，簡直嚇了一跳。因為水木完全沒有半毛錢。而我僅存的一點私房錢，因被拿來支付生活開銷，一下子就花光了。

當時一餐最簡單的吃法就是只吃飯。再配上一碗用白蘿蔔葉和老家寄來的小魚乾熬煮的味噌湯。想起那個時代，有米飯可吃就十分謝天謝地了。去買米的時候跟人家賒了帳，還一副理所當然的樣子。幾十年來，那家讓我們賒帳的米店，至今仍對我們家十分照顧。

高麗菜捲

ロールキャベツ

用吐司皮來增加分量的內餡肉，吃進嘴裡，多汁的餡料在口中擴散融化。是家人非常喜歡的一道菜。

ロールキャベツ
高麗菜捲

準備材料（2人份）

高麗菜——6大片
豬絞肉——200g
吐司皮（切碎）——約2片吐司的分量
（或是麵包粉杯）
牛奶——½杯
洋蔥（剁碎）——½個
雞蛋——1個
鹽、胡椒粉——各適量
紅蘿蔔（切成約寬1cm的小方條）
——½條
水——適量
高湯塊（搗碎）——½個
A
奶油——10g
麵粉——2大匙
B
番茄醬、伍斯特醋醬
——各適量

作法

1 首先去梗取高麗菜葉（梗對半切開後，放在一旁備用）。煮一鍋沸滾的水，將高麗菜葉燙熟，之後放進濾盆。吐司皮的部分則先浸泡在牛奶裡。

2 將絞肉、鹽、胡椒粉放入大碗中拌勻，接著再加入①的吐司皮、洋蔥、蛋，再加以攪拌，至有黏性為止。

3 將②拌好的餡料均分成六份，捏成坨狀，放在①的高麗菜上包捲好。

4 將紅蘿蔔與①的菜梗依序平鋪在鍋內，接著在其上方放入③的高麗菜捲。放好後加水滿過高麗菜捲，並摻入高湯塊，蓋上鍋蓋開火悶煮。

5 沸騰後轉為小火再熬煮約三十分鐘，之後將高麗菜捲，連同紅蘿蔔、菜梗盛入盤裡。接著將攪拌好的A加入剩餘的湯汁中，再開中火加熱。待整個湯汁變得黏稠後，加入B及鹽、胡椒調整味道。最後將其淋在高麗菜捲上。

對於當時忙於工作的水木，總想幫他補充營養和體力，但即使如此，以家中的經濟狀況，實在無法端出什麼大魚大肉。不過，儘管爲家中經濟所苦，在廚房燒菜這麼久了，我總還是有辦法變出花樣來。

有一次，我突然想到，利用吐司皮加入肉餡裡增加分量，做出高麗菜捲。沒想到大受歡迎。由於煮得非常入味軟爛，水木連高麗菜梗一根也不留地吃光了。

日後儘管生活大爲改善，高麗菜捲仍然是水木愛吃的食物。因此我索性買了壓力鍋，以便在很短的時間就能煮得入味軟爛。就連後來從境港老家搬來與我們同住的公公也吃得讚不絕口。

我的公公從年輕時候就接受東京文化的洗禮，是個非常時髦的人。本身十分了解歐式料理，也經常會燉煮西式濃湯。因此能夠得到他的讚美，對我來說實在是極大的鼓勵。

水木家 Memo 2

家計收支毫無規畫可言

有好幾年的時間，我完全無法預期錢何時、會有多少入帳。因此根本無法規畫收支。偶爾收到一張千圓鈔票，還會盯著它想：「這張鈔票能撐多久呢……」

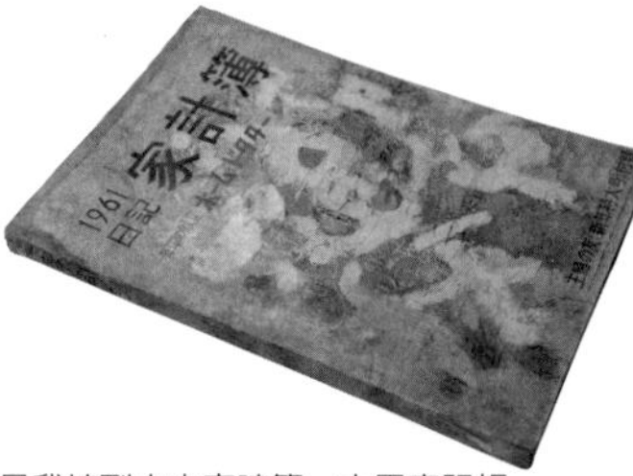

這是我嫁到水木家時第一本用來記帳的簿子。昭和 36 年（1961）的東西。

炒豆腐

炒り豆腐

充滿香菇的甘甜與濃郁的芝麻油香，
讓人一碗接一碗的超下飯料理。

炸四季豆豬肉捲

いんげん巻きトンカツ

內餡以少許豬肉佐以四季豆增量，經常出現在我家餐桌上的人氣料理。

炒り豆腐

炒豆腐

準備材料（2人份）

豆腐（木棉）——½塊
燙過的竹筍——½根
紅蘿蔔——5cm長
乾香菇——2朵
芝麻油——適量
豌豆（冷凍）——3大匙
A 酒、醬油、砂糖——各2大匙
蛋（打散）——1個

作法

1 將豆腐入水汆燙，再以乾淨桌布或廚房紙巾包覆瀝乾水分。

2 將燙過的竹筍、紅蘿蔔切成小條，乾香菇泡水去蒂後，再切片。

3 以芝麻油熱鍋，加入②的竹筍、紅蘿蔔、乾香菇炒過，再把①的豆腐邊搗碎邊入鍋炒。

4 待平底鍋內材料都平均沾上油後（炒勻），再加入豌豆、A等調味料拌炒，最後再倒入蛋汁一起炒。

這是一道以豆腐爲主材料的缺錢料理。我通常都用炒菜鍋豪邁地大展身手。炒完後直接裝上大盤，大夥再以湯匙挖取到自己碗裡。

二女兒悅子每次只要在白飯上淋上這道菜，就能連吃好幾碗。

綠色的豌豆豐富了菜的顏色，雖然是缺錢時吃的料理，但還是能感受到些微奢華的氣氛。

いんげん巻きトンカツ

炸四季豆豬肉捲

準備材料（2人份）

豬腿肉切片——6片
四季豆——18條
A 麵粉、雞蛋、麵包粉——各適量
油炸油——適量
高麗菜（切細絲）——適量
豬排醬——適量

作法

1 四季豆首先去老絲，切掉蒂頭後，用加了鹽巴的滾水汆燙一下，再瀝乾水分。接著在每片豬肉上放三根四季豆，以斜捲方向慢慢包裹。

2 將捲好的①依序沾裹A等材料，接著放入一七〇度高溫的油鍋油炸。

3 炸好的豬排捲以斜切方式切好，同高麗菜一起裝盤，淋上豬排醬。

只需少許的豬肉，再加上四季豆就能讓分量大增；即便不是上等的豬肉，仍然不減料理美味，而且感覺好像吃了一堆肉。這道缺錢料理也是我家餐桌上經常出現的一道菜。

我的公婆也特別愛吃這道菜。如此想來，我幾乎不曾在家中做過一般的炸豬排呢。

有段日子
我甚至還想，
「錢」這玩意兒
是不是從
世界上
消失不見了
……
精肉
グリンアート
フルカワ
イタリヤ

結婚後不久就經常跑當鋪。

不花錢又好玩

自己動手做的點心

ふかしいも
蒸番薯

準備材料（較好製作的分量）

番薯——3條

作法

將番薯洗淨，放入冒蒸氣的蒸鍋裡，蒸至熟透變軟為止。

從老家寄來的番薯，蒸完後熱騰香甜。剝開外皮，裡面呈黃色偏白。即便用烤的，也十分好吃喔。

大学いも
蜜番薯

準備材料（較好製作的分量）

番薯——3條
油炸油——適量
A 水——3大匙
　砂糖——8大匙
熟芝麻（黑）——適量

作法

1 將番薯以滾刀切法切成塊，然後浸泡於水中一會兒，再將水分瀝乾。

2 將①放入一七〇度高溫中油炸後起鍋。

3 將A材料放入鍋中，開火加熱至成麥芽糖狀後，再加入②的番薯，最後灑上芝麻。

以前都不買甜點，像蜜番薯當然也都自己做。不過在家做的外層不像麥芽糖那麼黏稠，而是像麻花捲吃起來脆脆甜甜的。

くず湯
葛粉湯

準備材料（1碗份）

太白粉（或是葛粉）——1大匙
砂糖——1大匙
熱水——⅖～½杯

作法

將太白粉和糖倒入碗裡，再沖熱水加以攪拌。

水木從小就喜歡喝葛粉湯。只要有材料，他就會自己動手做。這是作法簡單且能讓全身暖和的零嘴。注意，得要倒入剛沸騰的熱水才會好喝喔。

麦こがし
日式麵茶

準備材料（1碗份）

炒大麥粉——4大匙
蜂蜜——適量
熱水——⅖杯

作法

將炒大麥粉連同蜂蜜倒入碗中，再沖熱水加以攪拌。

這是我小時候吃的點心，是「沒零嘴的時代所吃的零嘴」。通常要攪拌到像蛋糕一樣的口感時才吃。這種簡單的美味也是水木愛吃的點心。

Column

一輩子唯一一次的約會、週末全家出門兜風……在外頭吃飯得到靈感而創作的食譜。

以前在老家的時候，從來沒在外頭吃飯過。頂多一年一次到米子（鳥取縣）玩時，才有外食的機會。想來真是生活清寒的年代啊。

等到嫁為人妻，即使還是新婚燕爾，要水木帶我上館子簡直是不可能的事。畢竟那時候家中經濟狀況實在不好。兩個人只出去約會過一次，還是去看電影。水木選了兩部片，一部是《六壯士》，另一部則是《老人與海》。完全是性質不同的兩部電影，我不像水木，平日不常涉獵電影和文學，但看完真覺得：「哇，好厲害！」回家的途中，我們兩個應該去吃了拉麵吧。我猶然記得，那天晚上非常寒冷。

孩子出生後，水木也漸漸有了名氣。整天沉浸在工作裡的他有時突然會說：「週末我們開車去兜風，轉換一下心情吧！」只見他當天整個人興奮得不得了，有時還會說些莫名其妙的話。兩個女兒也開開心心的，大家一起出遊去。

而我，主要負責開車。雖然運動神經不好，我還是努力地考取了駕照。在開車途中，我根本無暇聊天，只能集中精神慢慢地、慢慢地開，完全不敢超車……因為開成這副德性，甚至還被取笑：「媽媽開車慢得跟電梯一樣」。

雖然沒什麼錢，但兜風讓大家在心情上都感覺十分充實。這本書後面陸續介紹的如壽喜燒或味噌火鍋等，都是在外頭兜風吃到好吃的菜而得到的靈感。

有機會，好想再開車兜風哪。

工作的時候固然辛苦，
但水木總是元氣百倍。
或許，體力好的祕密來自於他喜歡吃的食物！

食欲大開！
老伴愛吃的
料理與點心

菲力牛排

牛ヒレステーキ

老伴早餐必吃！
若能加點酒燒一下會更好吃。

奶油蜂蜜厚片

カナパン

塗上一層厚厚的奶油與蜂蜜，
再淋上一點白蘭地，就是大人專屬的味道

牛ヒレステーキ

菲力牛排

準備材料（2人份）

菲力牛肉——2片（200g）
A 鹽、胡椒粉、肉豆蔻——各適量
沙拉油——適量
白蘭地——1大匙
茄子（縱切對半，在外皮上劃出格子狀）——2條
番薯（切圓片）——½條
油炸油——適量
鹽——適量

作法

1 將油炸油加熱至一七〇度，直接放入茄子與番薯油炸。炸好後撈起來，並趁熱撒上鹽巴。

2 在菲力牛肉上撒上A等調味料。平底鍋倒入沙拉油加熱，接著將牛肉兩面煎至兩面呈金黃色後，淋上白蘭地點火燒一下，最後連同①一起裝盤。

菲力牛排和奶油蜂蜜厚片有一陣子是水木早餐的基本組合。當然，那時早已脫離貧窮，而水木從早到晚都忙於工作。

早餐吃牛排!?各位聽到大多會嚇一跳吧。事實上，水木吃的應該算早午餐。因爲他總是工作到深夜，早上根本爬不起來。

就這樣大概有五年的時間，幾乎可說每天早上水木都要吃菲力牛排。因爲他媽媽一直諄諄教誨他：「阿茂啊，你得好好補充營養才行。」

水木喜歡吃全熟牛排。雖然用的不是上等牛肉，但淋上白蘭地火燒一下後，也能享受到一點奢華的氣氛。有時候他心情好，還會切一小塊往我嘴裡送呢。

蜂蜜奶油厚片原來是在一家叫「KANA」的咖啡廳吃到的，經過我稍微改良就成了這道點心啦。吃這道點心時記得要用刀叉。

水木吃的時候常會留下吐司皮，實在相當奢侈。他曾說過：「在剛烤好的厚片吐司上淋上白蘭地，聽到『滋』的一聲，太讚了！」我想他十分滿意這道點心。蜂蜜奶油厚片是水木的特權，他還告訴孩子們：「小孩子不能吃這麼好！」

水木不吃的吐司皮，我就拿來和絞肉混在一起做漢堡排或高麗菜捲的肉餡，或是磨成麵包粉。有時候也會用剪刀剪成一小塊一小塊，拿來餵飛進庭院裡的小鳥。

カナパン

蜂蜜奶油厚片

準備材料（2人份）

吐司（厚片）──2片
奶油──適量
白蘭地、蜂蜜──各適量

作法

1 直接在吐司表面劃出格子狀，但注意不要切到底。

2 將①送進烤箱烘烤後，塗上滿滿的奶油，再依喜好淋上白蘭地，最後再加上蜂蜜。

傻瓜，受傷靠「睡眠力」就能治好啦。
可是……
已經十二點了呢。
嗯，今天好像睡太多了。
哈哈哈
而且這麼說來，「睡眠力」似乎也是一種幸福力呢。
我說你啊，從今天起如果沒睡個十小時以上，可是無法長壽喔！
長壽？
你要活到幾歲啊？
一百歲。
呼哈！
呼哈可是我的口頭禪耶！
哈哈哈
睡覺為一切之始。

水木平日就非常注重睡眠。就一個得被強迫過度勞動的漫畫家而言，可能是比較少見的類型吧（《漫畫選自《咔嚏咔嚏漂泊記》）

美式鬆餅

ホットケーキ

用低筋麵粉與發粉做出的簡單滋味，
是老伴愛吃的點心。

戰爭中，
簡單懷念的滋味。

甜甜圈

ドーナツ

ホットケーキ

美式鬆餅

準備材料（5～6人份）

A─低筋麵粉──150g
　─發粉──½大匙
雞蛋──1個
砂糖──30g
B─牛奶──¾杯
　─香草精──少許
沙拉油──適量
奶油、蜂蜜──各適量

作法

1 將A等材料混合備用。

2 將蛋打散攪拌在大碗裡，再加入砂糖、B等材料攪拌均勻。最後再倒入①的材料攪拌至沒有結塊顆粒、表面光滑爲止。

3 加入沙拉油熱鍋，將②拌好的材料以一次¼杯（約50g）的量擺入平底鍋裡，等表面陸續出現小浮泡即可翻面再煎。

4 煎好後盛入盤子，再備上奶油與蜂蜜。

水木告訴我，他在二次戰前才第一次在米子的一家百貨公司裡吃到了美式鬆餅。可能也是當時非常難吃得到麵粉製品，水木至今對第一次吃到的美式鬆餅，還是認爲是最好吃的，並且仍然不斷在尋找超越第一次的美味。

有一次，水木在飯店開會，當他用完餐，點了美式鬆餅做爲飯後甜點，出版社的人都被他驚人的食量嚇了一跳。水木還一副滿不在乎的樣子說：「美式鬆餅是另外一個胃。」

每次到咖啡廳時他幾乎一定會點美式鬆餅。有次某家店的菜單上沒有這道點心，他竟還發怒：「爲什麼沒有賣！」引起了小小的騷動。

我在結婚前及二次大戰期間經常會做甜甜圈。由於家中沒有製作甜甜圈專用的器具，我還記得是利用清酒杯在麵糰的中央挖了個洞，再拿去油炸的。

ドーナツ
甜甜圈

準備材料（6～7人份）

A 低筋麵粉──180g
──發粉──½大匙
雞蛋──1個
砂糖──80g

B 牛乳──2大匙
──香草精──少許
油炸油──適量

C 細砂糖、肉桂粉──各適量

作法

1 將A等材料混合備用。

2 將蛋打散攪拌在大碗裡，再加入砂糖、B等材料。

3 將②的材料倒入①裡加以攪拌後，放進冰箱冷藏十分鐘。接著用桿麵棍桿平成厚度約1．5～2cm的麵皮。

4 用甜甜圈模子將③壓出形狀取出，放入一七〇度高溫的油鍋中油炸。

5 在方型鐵盤裡混合C的材料，接著將炸好的甜甜圈放入鐵盤沾上這些肉桂糖粉。

我來到了墨西哥一個叫做瓦哈卡的城市
我很愛美式鬆餅，好好吃
這裡的麥子品質應該不錯
我每次餐後都要吃美式鬆餅
不蓋你，真的
好好吃啊！

平成9年（1997）水木去了一趟墨西哥。他說在那裡吃到了好吃的美式鬆餅。或許當地的麵粉相當合水木的口味吧。（漫畫節選自《完全版漫畫　水木茂傳（下）戰後篇》）

燒飯

焼き飯

這不是炒飯，在我們家叫「燒飯」，適合中午時間來一盤。

炒米粉

焼きビーフン

老伴愛吃的料理，
永遠吃不膩的清爽味道。

焼き飯

燒飯

準備材料（2人份）

米飯（保溫）——2大碗
雞蛋（打散）——2個
沙拉油——適量
火腿（切碎）——6片
洋蔥（切碎）——½個
青椒（切碎）——3個
香菇（切掉蒂頭後再切碎）——3朵

A
酒——2大匙
醬油——1又½大匙

鹽、胡椒粉——各少許

可能是娘家賣酒的關係，我做的菜通常都少不了酒。我家的這道燒飯也會放點日本酒提味。嗯，眞的很香呢。

作法

1 在平底鍋裡加入沙拉油預熱，倒入蛋汁，用筷子迅速翻炒後取出備用。

2 將平底鍋清潔乾淨，同樣再倒入沙拉油加熱。放入火腿、洋蔥、青椒、香菇熱炒，接著再加入白飯，炒至粒粒分明後，將炒蛋倒入拌炒均勻。

3 從鍋邊加入A等材料炒勻，最後撒入鹽巴、胡椒粉調味。

水木家 Memo 3

水木一家包括親戚都不會喝酒

不管是水木還是他的親戚，以及長大成人的女兒們，事實上他們全都不會喝酒。所以即使衆親戚齊聚一堂，桌上擺的都是無酒精飲料。每當回頭去看那些紀念照片時，明明是大人們的聚會卻不喝酒，感覺實在奇怪。

我嗎？事實上我只會喝點小酒。最近我常和大女婿會一起喝點啤酒喔。

你喝這麼多還好吧？
ウィ
嗚……
這是我的手臂啦！
我還以為是法國火腿
狠咬——

焼きビーフン

炒米粉

準備材料（2人份）

米粉——100g
雞蛋（打散）——1個
沙拉油（或芝麻油）——適量
火腿（切絲）——4片
高麗菜（切絲）——2片
紅蘿蔔（切絲）——5cm
A 醬油、鹽、胡椒粉——各適量

水木非常喜愛麵類，麵線、蕎麥麵、烏龍麵等他都非常愛吃。有時明明煮了飯，他還要到便利商店買義大利麵。

還有，不可不提的就是這道炒米粉。若是請水木例舉他喜歡吃的菜，其中一樣就是我炒的米粉。

作法

1 將米粉泡入溫水（另外準備），泡軟後撈起瀝乾水分。

2 在平底鍋倒入沙拉油預熱，加入蛋汁，用筷子迅速翻炒後取出備用。

3 將平底鍋清潔乾淨，同樣再倒入沙拉油加熱。放入火腿、高麗菜、紅蘿蔔熱炒，待變軟後再加入米粉拌炒。倒入A材料調味，再放入炒蛋快速拌炒均勻。

蜜豆

お豆の甘煮

無論金時紅豆、黑豆、花豆，都富有清爽高雅的甜味。

年糕紅豆湯

ぜんざい

不過甜的年糕紅豆湯，是水木愛喝的甜湯。

萩餅

おはぎ

能享用到一顆顆米粒的口感，甜度正好，吃完回味無窮。

お豆の甘煮
蜜豆

準備材料（較好製作的分量）

金時紅豆——1杯
水——適量
砂糖——1又½杯
鹽——少許

作法

1. 將紅豆完全浸泡在水裡一整晚。
2. 將①移至鍋內開火煮，待沸騰後放著再煮一會兒，接著將水倒掉，再加入等量的水，重新開火熬煮。
3. 當水滾後轉爲小火，並蓋上落蓋（註：落し蓋。一種直接蓋在材料上的覆蓋物，材質有木製、紙製各式各樣都有。是日本料理中獨特的處理方式。）再悶煮三十到四十分鐘，讓紅豆變得軟爛。
4. 加入砂糖，再一次蓋上落蓋煮三十分鐘。最後再加入鹽巴，隨即關火，然後放至冷卻。

水木非常喜歡豆類製品。尤其特別喜歡蜜豆。看到金時紅豆煮成的蜜豆，他會捧著整碗吃光光。二女兒悅子每次只要在白飯上淋上這道菜，就能連吃好幾碗。

我們家常在買紅豆。一次買都好幾袋。年糕紅豆湯也是我經常做的點心喔。還有紅豆飯，水木也非常愛吃。

ぜんざい
年糕紅豆湯

準備材料（3～4人份）

紅豆——200g
水——適量
A 砂糖——180～200g
　鹽——少許
切片年糕——適量

作法

1. 將紅豆水洗過後放入鍋中，加滿水後開火。待沸騰後倒掉滾水，重新加水蓋過紅豆再多加一些水。接著開火煮至軟爛。
2. 紅豆軟爛後，倒入A等調味料，依個人喜好開火再煮一會兒。
3. 烤年糕。烤好後加入②裡，然後拿碗盛裝。

おはぎ

萩餅

準備材料（12～14個）

紅豆——300g
水——適量
砂糖——300g
鹽——一小撮
糯米——2合
白米——½合

A 黃豆粉、砂糖——各適量
鹽——少許

作法

1 將紅豆水洗過後放入鍋中，加滿水後開火。待沸騰後再多加一杯水，再度沸騰後將水掉倒，重新再加水蓋過紅豆再開火煮沸。沸騰後轉爲小火，盡可能讓紅豆不露出水面再加水煮三十至四十分鐘。

2 待紅豆外皮脫落，變得軟爛後，邊倒掉鍋裡的熱水，邊開水龍頭讓水緩緩流入。等到水變得清澈透明，將水注滿蓋過紅豆並加入砂糖再煮一次。偶爾攪動紅豆，等鍋內水分逐漸收乾，再用木鏟搗碎紅豆，到最後變得黏稠不再流動時，即可關火加入鹽巴，接著將鍋內紅豆餡移至方型鐵盤上等待冷卻。

3 將糯米和白米混合，目測約二合半的量再加適量的水放入電鍋中，先浸泡三十分鐘後再開始蒸飯。蒸完後隨即用研磨棒邊沾鹽水（另行準備）邊搗碎（爲求顆粒口感，需留下約一半的米粒）。

4 將②的紅豆餡依照⅔與⅓量的比例分爲兩堆，再各自分成六、七等分捏揉成丸狀。

5 將⅔量的紅豆餡丸一一放在擰乾的濕桌布上並且壓平，在中間放上適量的③的飯丸，然後像綁包袱的方式包裹起來。其餘如法泡製。

6 將適量的飯放在擰乾的濕桌布上並且壓平，在中間放上⅓量的紅豆餡丸包裹起來。周圍再灑上A等材料。其餘則如法泡製。另依個人喜好也可加入鹽昆布。

年事已高的父母也喜歡吃我做的萩餅。像水木，那種一般比較大顆的萩餅有時一次可吃上四個。從小我在鄉下被灌輸的觀念就是，日本主婦得要會做萩餅。因此自從嫁給水木後，每當春秋掃墓時節，一定會做萩餅。

糯米加上一點白米是我在娘家養成的習慣。吃得到一顆顆米粒的口感讓萩餅感覺更好吃。相較於只用糯米製作，這樣反而才更有萩餅的風味。不過，如果加入白米，久放則容易變硬，因此建議盡可能在製作當天食用完畢。

濃縮了當季蔬菜的美味，煮了滿滿一盤吃光光！

烤青椒&烤茄子

焼きピーマン&焼きなす

準備材料（較好製作的分量）

青椒——6～7個
茄子——4條
柴魚片——適量
醬油——適量

作法

1 將青椒和茄子放燒烤網上烤到整體略帶焦黑爲止。

2 將烤好的①沾水剝掉皮，再瀝乾水分。切掉青椒的蒂頭與清掉裡頭的籽，接著縱切成較好食用的大小。

3 茄子除去蒂頭縱切剖開。

這是從以前到現在水木非常愛吃的一道菜。特別是烤茄子，不管準備多少他都會吃光光。此外，因爲不需要用油，所以也是一道健康料理。

夏天時我經常都會做這道菜。還記得剛結婚不久，曾在家附近的田裡買到非常便宜的青椒和茄子。十分新鮮，而且非常好吃。把茄子或青椒烤得焦黑，再將外皮剝掉，就會露出裡頭果肉漂亮的顏色喔。

家族回憶照相館

身子慢慢抽長的學生時代、因相親認識，
不到五天就結婚、領不到稿費為生計所苦的貧窮日子，
然後孩子接著出生，我的家慢慢成長茁壯……
如今回想起來，時間實在過得好快啊。
現在我真心覺得，能和水木一路走來，很幸福。

學生時代

昭和 23 年（1948）2 月
女學校（舊制女子高中）畢業紀念冊的照片。每天都要走路或騎單車到離家六公里遠的學校上課。當時我正熱衷於日本刺繡。

青春時代

右／昭和 25 年（1950）左右
前排中間那個人是我。這是與裁縫教室同學的紀念合照。
上／昭和 30 年（1955）7 月
街坊鄰居組團到海水浴場玩時，在境港海邊拍的照片。左邊那個人是我。

結婚典禮

昭和 36 年（1961）
1 月 30 日

與水木相識五天後便舉行結婚典禮了。這也是第一次單獨和男性拍照。

新婚生活

昭和 37 年（1962）夏天

此時已懷長女。水木身後那一套書是分期付款買來的百科全書，是為了畫漫畫參考用的。

正月新年

昭和 39 年（1964）1 月

長女尚子正好滿一歲的新年，去拜訪水木的大哥時所留下的照片。女兒穿著斗篷挺時髦的。

昭和 42 年（1967）12 月

兩個女兒的生日都是 12 月 24 日。我做了海苔捲，慶祝生日同時也歡慶聖誕節。

聖誕節

食欲旺盛

昭和 43 年（1968）

兩個女兒的食欲都出奇得好。照片裡是次女悅子正大大口吃著焗飯。

昭和 44 ～ 45 年
（1969 ～ 1970）左右。
這是水木工作極度繁忙的時期。不僅多雇了幾名助理，壓力之大可想而知。

連日多忙

七五三節

註：七五三節，日本特有節日。男孩在三歲及五歲，女孩在三歲與七歲時，父母特地在當天前往神社，感謝神明保祐孩子順利成長。

昭和 48 年（1970）11 月
次女悅子七歲慶祝七五三節所拍下的照片。在前往神社參拜前，在家門口拍照以茲紀念。

生日

平成 14 年（2002）1 月
我的生日。在家裡全家人幫我慶生時拍的照片。還用了不錯的咖啡杯喝茶。

Column

關於食欲旺盛、精神百倍的水木父母的回憶。

水木為自己父親取了綽號叫「胃突」，母親叫「胃怒」。原因是兩人的胃完全吃不壞，而且食欲十分旺盛。另外一個原因則是母親很愛生氣。

父母剛搬來東京時，就住在我們家隔壁棟的房子。那段時間偶爾我們會一起吃晚飯。

有一天，我煮了一鍋雞肉丸子火鍋。「竟然煮豆腐加雞肉這種便宜火鍋給我們吃！」聽到婆婆這麼說，我嚇壞了。因為考慮到兩老的牙齒不好，所以才選了食材較軟的雞肉丸子與豆腐來煮火鍋。但是，對他們而言，肉只能吃牛肉，認為雞肉是便宜端不上檯面的食材。

當然有人會將此視為刁難，但我卻不這麼想。反而覺得是他們太期待我做的菜的緣故。事實證明，當我端出高麗菜捲、萩餅等菜餚，公公總是十分開心地說「太棒了、太棒了」。公公也是非常會做菜的人，得到他的讚賞我真的非常非常高興。

我也非常佩服婆婆有話直說的不服輸個性。戰爭期間，看到國家一直宣傳「增產報國」，她忍不住放話說：「把孩子養好交給軍隊，回來的都是屍體，我們生這麼多是要幹嘛！」這對當時女性來說，可是極需勇氣的發言。結果，婆婆生了三個小孩，都是少數菁英，每個人都擁有健康的身體，目標都要活到一百歲。這樣想來，婆婆真是偉大。

也就是說，父母一個是胃突、一個是胃怒（也有愛生氣的意思），表示胃都健康得不得了
因此只要內人晚餐時間稍有延誤……
ばかもの
笨蛋！
あほ

漫畫節選自《完全版漫畫 水木茂傳（下）戰後篇》

「媽媽，好好吃喔！」
女兒們不挑食，吃什麼都開心。
每當看到孩子們的笑容，總會鼓勵我：
「再做吧」、「要做得更好吃」。

家族營養的泉源

家人必點菜單

和風漢堡排

和風ハンバーグ

大量的蘿蔔泥加上柑橘醋清爽不油膩。
餡料裡不忘加入吐司皮增加分量。

鮭魚排&炸蝦佐特製塔塔醬

我家餐桌上不可或缺的炸物，辣韭塔塔醬的滋味妙不可言！

鮭&えびフライ
特製タルタルソース添え

和風ハンバーグ

和風漢堡排

準備材料（2人份）

牛豬混合絞肉——200g
鹽、胡椒粉——各適量
吐司皮（切碎）——2片份
（或是麵包粉¾杯）
牛奶——½杯
洋蔥——½個
沙拉油——適量
雞蛋——1個
萵苣（切細條）——適量
青紫蘇——2片
蘿蔔泥——適量
馬鈴薯（切塊狀水煮至乾）——2個
鴻禧菇（去蒂頭以奶油煎過）——⅓包
番茄（切四分之一圓）——½個
柑橘醋醬油——適量

作法

1 將吐司皮浸泡在牛奶裡。在平底鍋裡加入沙拉油預熱，將洋蔥切碎後，放入鍋內炒至變軟。

2 將絞肉與鹽、胡椒粉放進大碗裡攪拌均勻，接著再加入①的吐司皮和洋蔥、雞蛋繼續攪拌至有黏性為止。完成後，分成兩等份捏成錢幣狀。

3 在平底鍋裡加入沙拉油預熱，將②做好的肉排放入鍋中煎至兩面略帶焦黃的程度後，蓋上鍋蓋讓整塊肉排悶烤熟透。

4 盤子鋪上萵苣葉，放上漢堡排，上面再加上青紫蘇、蘿蔔泥。配菜則是煎過的鴻禧菇與番茄切片，最後在蘿蔔泥上淋上柑橘醋醬油。

老家沒有肉鋪，因此我在娘家幾乎沒做過什麼肉類的菜肴。結婚後，當然肉類在我們家也是奢侈品。漢堡排第一次出現在餐桌是在長女念小學的時候。因為得幫她帶便當，因此做了漢堡排。當時只要聽到「今天有肉可吃喔！」大家就開心得不得了。

我平時做漢堡排使用的是牛豬混合絞肉。比牛絞肉好吃又便宜。然後，還會再加上吐司皮。

起初漢堡排是純西式的，慢慢地轉為和風，最後成了現在這樣，放上蘿蔔泥加柑橘醋醬油的吃法。吃起來十分清爽喔。

鮭魚排&炸蝦佐特製塔塔醬

鮭&えびフライ 特製タルタルソース添え

準備材料（2人份）

新鮮鮭魚——2塊
蝦（帶殼）——6尾
A 麵粉、蛋汁、麵粉——各適量
油炸油——適量
高麗菜（切細絲）——適量
番茄（切四分之一圓）——適量

特製塔塔醬

水煮蛋（切碎）——2個
洋蔥（切碎）——1/5個
醃辣韭（切碎）——6~8粒
日式美乃滋、胡椒粉——各適量
巴西利（切碎）——適量

作法

1 將準備製作塔塔醬的材料全部混合攪拌。

2 生鮭魚除去魚刺，切成易食用的大小。挑除蝦背部泥腸，剪去蝦尾並剝殼。

3 將②處理好的魚蝦依序裹上A的材料，放入一七〇度高溫的油裡油炸。

4 將炸好的③裝盤，放上適量的高麗菜及番茄，再淋上特製塔塔醬。

我用自己醃製的辣韭製作成的塔塔醬，可是我們家才有的美味……想拍胸脯這麼說，卻有點不好意思。事實上是因為覺得用酸黃瓜來做太浪費了，所以才用辣韭代替。

辣韭是我用了我家養蜂所生產的蜂蜜下去醃製而成的。因此做出來的塔塔醬保證好吃沒話說。

蟹肉炒蛋

かに玉

勾芡料多味美，每一口都吃得到蟹肉，利用香菇水做出來的好料理。

涼拌黃瓜豆芽菜

蛋絲的甜味加上芝麻醋醬順口的酸味，
讓平價的豆芽菜也變成高級的享受。

もやし、きゅうり、
卵のごま酢和え

かに玉

蟹肉炒蛋

準備材料（2人份）

蟹肉罐頭──1小罐（75g入）
雞蛋──4個
鹽、胡椒粉──各少許
乾香菇──2朵
水──½杯
沙拉油──適量
煮熟的竹筍（切成細條）──1小條
紅蘿蔔（切成細條）──¼條
蔥（斜切片）──½根
豌豆莢（斜切片）──6片

A
醬油、砂糖、酒
──各1大匙

B
太白粉──½大匙
水──1大匙

作法

1 將乾香菇泡在適量的水中，除去蒂頭然後再切片。將泡過香菇的水留著備用。將雞蛋打散，接著加入蟹肉、鹽巴、胡椒攪拌均勻。

2 在平底鍋裡倒入沙拉油預熱，各加入一半的乾香菇、竹筍、紅蘿蔔熱炒。待紅蘿蔔變軟，將整鍋材料倒入①的蛋汁裡。

3 再次在平底鍋裡倒入沙拉油預熱，把②調好的蛋汁倒入鍋裡，兩面煎至焦黃便鏟起裝盤。

4 在平底鍋裡倒入沙拉油加熱，倒入剩餘的乾香菇、竹筍、紅蘿蔔熱炒，待紅蘿蔔變軟後，再加入蔥和豌豆莢拌炒，接著再加入香菇水、A材料煮沸，最後將B的太白粉水邊倒入鍋中邊攪拌至成黏稠狀，此時再加入③的蟹肉炒蛋即可完成。

這道是我的拿手菜。雖然是中華料理，但我完全沒有使用中式調味料，味道十分清爽香甜。蟹肉我選用的是蟹腳肉剝成絲的便宜罐頭。由於水木和女兒們都非常愛吃，因此這道菜成了我們家餐桌上常見的菜餚。

螃蟹是水木老家境港的名產。冬天是盛產松葉蟹的季節，眞的十分美味喔。

もやし、きゅうり、
卵のごま酢和え

涼拌黃瓜豆芽菜

我很喜歡用芝麻醋醬做涼拌菜。味道是從小家裡吃慣的口味。在沒有太多時間的情況下，我經常做這道菜。算是布枝流的快速料理。

通常豆芽菜鬚如果沒有太長都會留著。因爲總覺得處理掉滿可惜的。

準備材料（2人份）

豆芽菜——½袋
黃瓜——1條
雞蛋（打散）——1個
沙拉油——適量
A 醋——1大匙
醬油、味醂——各½大匙
芝麻粉（白）——2大匙

作法

1 將黃瓜切片並撒點鹽巴，放置一段時間後瀝乾水分。豆芽菜川燙一下後放至濾盆裡冷卻。

2 在平底鍋裡倒入沙拉油預熱，將蛋汁薄薄地流入鍋裡煎烤，切成細條做蛋絲。

3 在大碗裡放入A材料混合攪拌，接著再加入黃瓜、豆芽菜、蛋絲涼拌。

焗烤鮮蝦

えびグラタン

加香菇是我的獨門講究，
大尾蝦子讓早餐更豐盛。

蛋包飯

オムライス

不像現今的蛋包半熟軟嫩，
放上薄熟的蛋皮才是我家愛吃的蛋包飯。

えびグラタン

焗烤鮮蝦

準備材料（2人份）

通心粉——80g
蝦（去殼）——6尾
香菇（除去蒂頭，切成6等份）——2朵
洋蔥（切片）——¼個
奶油——10g
鹽、胡椒粉——各適量
麵粉——3大匙
牛奶——1杯
起士粉——適量
巴西利（切碎）——適量

作法

1 將通心粉按照包裝上的建議時間煮熟。挑除蝦子背部泥腸，剪去蝦尾並剝殼備用。

2 在鍋裡放入奶油預熱，接著加入香菇、洋蔥熱炒。待洋蔥變軟後，再放入蝦子拌炒，加鹽巴、胡椒粉調整味道。

3 在②裡倒入麵粉炒一下，再慢慢加入牛奶攪拌至變得黏稠爲止。接著放入通心粉混合攪拌。

4 將③平均倒入準備好的耐熱容器裡，撒上起士粉，放入烤箱烤至表面呈焦黃色後，取出再撒上巴西利即大功告成。

這道我們家的早餐菜單裡有焗烤這道菜，我想很多人都感到意外吧。尤其是星期日早上經常會出現在餐桌上。有時水木的助理叫了西餐店的外賣，結果焗烤盤子忘了還，我就會借拿來做焗烤鮮蝦。

我個人非常喜歡用香菇做菜，這道焗烤鮮蝦也不例外。聽說二女兒悅子第一次在外頭吃焗烤，因爲裡頭沒放香菇而感到十分震驚。另外，奶油醬當然我也是自己做的。

オムライス
蛋包飯

準備材料（2人份）

白飯——2碗
熱狗（切碎）——3條
紅蘿蔔（切碎）——3cm
洋蔥（切碎）——½個
青椒（切碎）——2個
沙拉油——適量
A 番茄醬——7~8大匙
　鹽、胡椒——各適量
雞蛋——2個
番茄醬——適量

作法

1 在平底鍋裡倒入沙拉油預熱，倒入香腸、紅蘿蔔、洋蔥、青椒熱炒。待洋蔥變軟後，再加入白飯拌炒，用A等材料調味。

2 將①均分成兩份，放入蛋包飯模具做出造型，然後裝盤。在平底鍋裡倒入沙拉油預熱，

3 將蛋逐一打散入鍋煎成薄熟的蛋皮。鏟起蓋放在②之上，淋上番茄醬。

這是孩子假日固定要吃的午餐。將白飯放入鋁製模具做出杏仁形狀，然後蓋上一層薄薄的蛋皮，我和女兒就用番茄醬在上面畫出「笑臉」、「傷腦筋的臉」。眞是令人懷念啊！女兒們也吃得非常開心。除了菜單上的材料，有時我也會看看冰箱裡還剩哪些蔬菜，索性就全部加到飯裡。

關東煮&燉煮雞肝

おでん&鶏レバーの甘辛煮

用雞翅與昆布煮出濃厚湯底，愈煮愈好吃。
用醬油和糖燉煮出十分入味的雞肝，愈吃愈下飯。

おでん
關東煮

準備材料（3～4人份）

A
水——7～8杯
昆布——2片（10×10㎝）
小魚乾——一把

白蘿蔔——20㎝
芋頭——4個
蒟蒻——½塊
雞翅——4隻
油豆腐——½塊
甜不辣等各種魚漿製品——適量

B
酒——½杯
醬油——3大匙
味醂——2大匙

水煮蛋——4個
黃芥末醬——適量

作法

1 將A放入鍋中靜置一個晚上，形成高湯備用。

2 昆布變軟後取出切成適當大小打結。白蘿蔔削皮後切成2㎝厚的圓片。接著芋頭削皮，蒟蒻切成適當大小後，全都稍為汆燙一下。雞翅、油豆腐、魚漿製品則用熱水澆淋一圈，再將油豆腐切成適當大小。

3 點燃①鍋的火，加入B調整味道，再放入②的材料及水煮蛋熬煮至入味爲止。煮好後裝盤再佐以黃芥末醬。

鶏レバーの甘辛煮
燉煮雞肝

準備材料（較好製作的分量）

雞肝（含雞心）——200g
A ┌ 酒——¼杯
　│ 薑（切片）——1塊（約拇指的一半大小）
　└ 砂糖、醬油——各2大匙

作法

1 將雞肝裹上適量的鹽巴，再用水清洗。

2 將①的雞肝與A等材料放入鍋裡，並以中火熬煮。待煮汁逐漸變乾時再開強火拌炒，直到雞肝出現光澤即關火。

水

還未上東京之前，我不知道有關東煮這道料理。第一次看到插成一串的三角形半片（註：一種魚漿製品）時，突然莫名地感動：「啊，和漫畫裡畫的一樣！」

在我們家，吃關東煮通常都會配上雞肝。因爲考慮到只有關東煮的話，就補充不了蛋白質。當然，我也想到水木愛吃雞肝，想煮這道菜給連日忙碌的他好好地補一補。而且，味道清爽的關東煮非常適合配上熬煮入味的雞肝一起食用。

我們家的關東煮是偏醬油味的湯底。因此煮的時間愈長會愈好吃喔。

涼拌芝麻菠菜

涼拌不加糖，
品嚐當季菠菜的淡淡清甜。

ほうれん草の
ごま和え

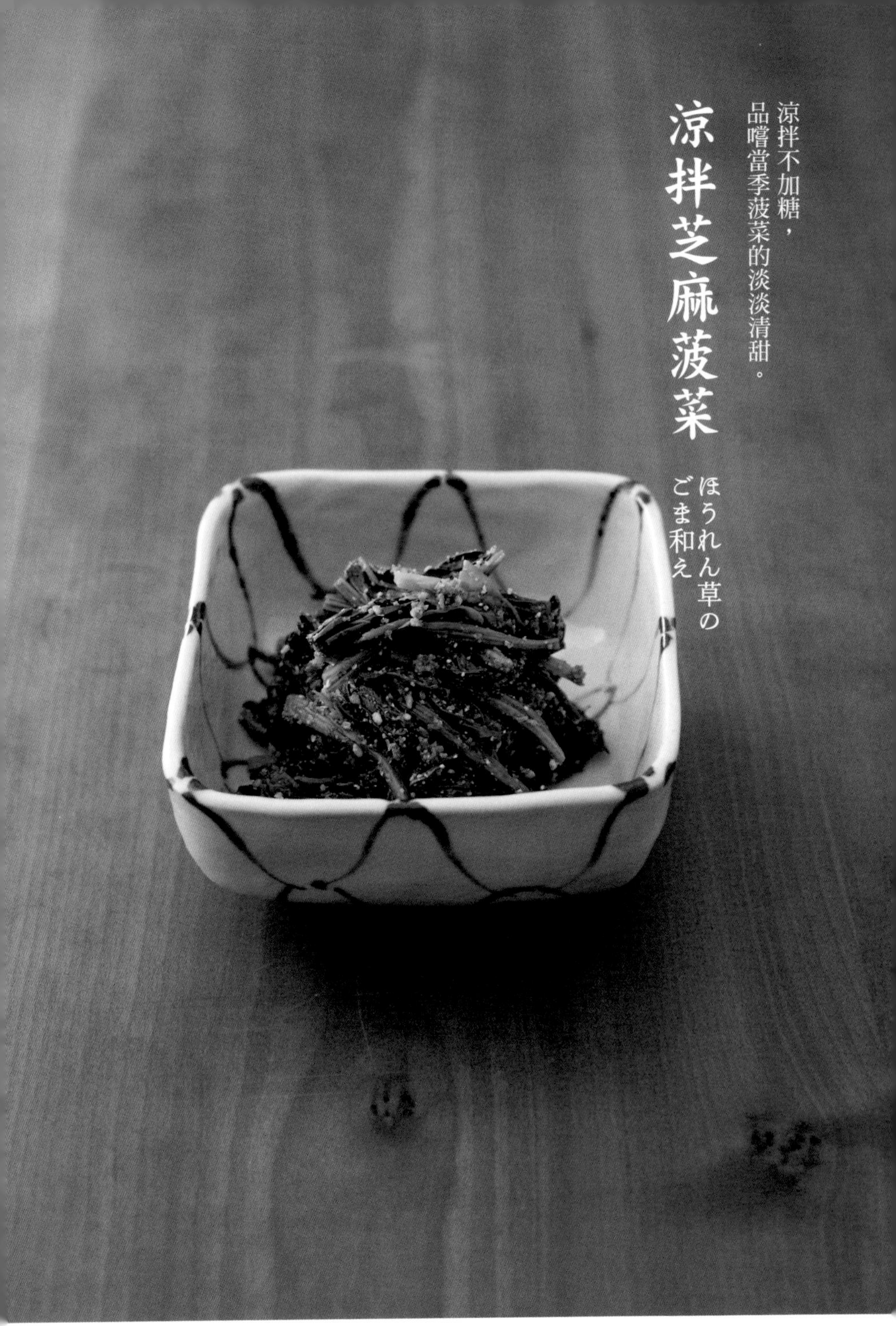

筑前煮

筑前煮

雖然我煮菜不喜歡太甜，
但唯有這道菜有點甜才好吃。

ほうれん草のごま和え

涼拌芝麻菠菜

準備材料（2人份）

菠菜──1把
芝麻（白）──4大匙
醬油──適量

作法

1 將菠菜放入鹽水裡煮，燙熟後撈出用冷水沖洗一下，再瀝乾水分。接著切段，約莫5cm長度。

2 芝麻放入鍋內炒香，接著磨碎加入醬油，與①涼拌。

芝麻有益身體健康所以要多吃點！因爲水木這麼說，所以我經常做放有芝麻的料理。以前我會買生芝麻回來炒，然後放入缽裡研磨，現在則偶爾會買已經磨好的芝麻粉。說起芝麻的氣味眞是難以言喻的香。

我在家弄這道菜時，基本上不使用砂糖。但其實可加一小撮糖，讓味道更順口。

筑前煮

筑前煮

準備材料（2人份）

雞腿肉——½塊
乾香菇——3朵
水——1杯
紅蘿蔔——⅓條
牛蒡——½根
水煮過的竹筍——1小根
蓮藕——1小節
蒟蒻（燙過瀝乾）——½片
沙拉油——適量
薑（切片）
——1塊（約拇指的一半大小）
A 砂糖、酒、醬油——3大匙
豌豆莢（去絲放入鹽水煮燙，再切半）——5片

作法

1 將雞肉均勻切成一口大小。乾香菇泡在適量的水裡，取出除去蒂頭後切片。將泡過香菇的水留著備用。紅蘿蔔、牛蒡、竹筍、蓮藕、蒟蒻切成滾刀塊，接著牛蒡、蓮藕放入水中浸泡。

2 在鍋裡倒入沙拉油預熱，放入雞肉炒到表面焦黃，再將①其餘的材料混合醬油拌炒，待所有食材都裹上油後，加入香菇水及A材料蓋上落蓋，煮到紅蘿蔔變軟為止。差不多熟透的時候，再搖晃鍋身讓食材味道平均，接著再煮一會兒。大功告成後裝盤再放上豌豆莢妝點。

這是我的拿手好菜之一……這麼誇張地說實在不好意思。其實只是一道鄉下的家常菜。在我老家這道菜稱為「龜煮」。

這道菜的材料不拘。我做菜的原則一向都是隨心所欲、臨機應變。我平常也會用上一點酒。

這是家人愛吃、我也經常煮的一道菜。每當過年時做了筑前煮，就會特別有過年的氛圍。

兩種可各自食用的食材，
混在一起竟是截然不同的美味。

蘿蔔山藥泥

大根と長いもの
すりおろし

三色丼

三色丼

香濃肉燥配上甜味炒蛋及青椒，
味道簡直妙不可言。

大根と長いものすりおろし
蘿蔔山藥泥

準備材料（2人份）

白蘿蔔、山藥——各適量
薄鹽醬油、醋——各適量
海苔片（切成條狀）——適量

作法

將白蘿蔔及山藥分別磨成泥，混合後加入薄鹽醬油及醋，再撒上海苔。

老家經常會寄山藥過來。這道小菜是我以前在家裡自創的食譜。

水木喜歡吃黏稠感的食物。這些蘿蔔山藥泥他不拿來拌飯，而是當作飲料直接咕嚕咕嚕下肚。因爲味道清淡，特別適合胃脹消化不良的時候食用。

三色丼

三色丼

準備材料（2人份）

白飯——2碗
青椒（對半切開將籽挖乾淨）——2個
醬油——少許
牛絞肉——150g
A 酒——2大匙
砂糖、醬油——各1又½大匙
雞蛋（打散）——2個
B 酒、砂糖、鹽——各少許
沙拉油——適量

作法

1 將青椒放在燒烤網架上烤，待表面呈現一塊塊焦黑時，泡入冰水剝皮。接著切成條狀後再塗上醬油。

2 將絞肉和A材料放入鍋內混合攪拌，開火。接著用筷子邊翻攪邊炒到鬆乾為止。

3 將蛋汁與B材料混合攪拌。在平底鍋裡倒入沙拉油預熱，將混合好的蛋汁倒入鍋中並用筷子迅速翻炒，做成炒蛋。

4 拿碗盛飯，分別平均鋪上①、②、③的材料。

這也是布枝流的快速料理之一。忙碌的時候，晚餐大多會做這道菜。不僅顏色漂亮，營養也十分均衡喔。

基本上作法如食譜所示，不過三色的內容有時會因冰箱裡有的食材而隨機調整。也就是我最擅長的有什麼煮什麼。例如沒有青椒，有時白飯上就會撒上乾海帶芽或涼拌芝麻菠菜來替代。

萵苣沙拉

レタス包み2種

隨意搭配的材料，只要拌上美乃滋，
孩子就吃得好開心。記得配上萵苣享用吧！

玉米濃湯

コーンスープ

香香濃濃的玉米濃湯，
是孩子愛喝的湯品。

レタス包み2種

萵苣沙拉

準備材料（2人份）

萵苣——適量
雞蛋——1個
鮭魚罐頭——½罐（125g裝）
日式美乃滋——6大匙
胡椒粉——適量
吐司（用來烤的）——適量

作法

1 將煮熟的雞蛋切碎，鮭魚罐去汁，接著再各自用三大匙的美乃滋混合胡椒攪拌。

2 將①的雞蛋沙拉與鮭魚沙拉包上萵苣，配著烤吐司食用。

這是利用鮭魚罐頭的簡便食譜。現代人可能比較常用鮪魚做這類食物。因爲我們那個時代還沒有鮪魚罐頭呀。

平常我們家早餐大多會吃烤吐司。在漫畫裡，也經常出現吃烤吐司的水木。但事實上，水木似乎不大喜歡吃吐司，他說：「好像吸墨紙。」

（註：指日本漫畫家柘植義春，曾擔任水木茂的助手。）

コーンスープ

玉米濃湯

準備材料（3～4人份）

洋蔥（切碎）——¼個
奶油——10g
麵粉——2大匙
玉米醬——1罐（190g裝）
A┬水——1杯
　└高湯塊（搗碎）——½個
牛奶——1杯
鹽、胡椒——各適量
巴西利（切碎）——適量

作法

1 在鍋裡放入奶油加熱，將洋蔥倒入熱炒。待變軟後再撒入麵粉拌炒，接著再倒入玉米醬罐及A等材料。

2 煮沸後倒入牛奶再煮，最後加入鹽巴、胡椒調味。盛入碗後撒上巴西利。

在假日經常晚起的女兒們，只要聽我喊：「玉米濃湯煮好囉！」就會立刻奔下樓來，坐在餐桌旁。由此可知，兩個女兒多愛喝這湯啊。

說到賴床，水木小學的時候幾乎每天都遲到。水木覺得睡覺是超級快樂的事，所以對他而言，起床是十分痛苦的。水木深信，他兩個女兒也必定爲此所苦。眞是傷腦筋。每當他看到我叫孩子起床時，總會生氣地說：「爲什麼要吵醒她們！」

玉米濃湯的最後一個步驟就是撒上自家種的巴西利。兩個女兒總是會喝上滿滿地一碗。

味噌火鍋

味噌汁鍋

以味噌湯底加上滿滿的肉片和蔬菜，
吃得滿身大汗的美味火鍋。

雞肉丸子火鍋

鶏団子鍋

以鮮嫩的雞肉丸子做為美味湯底，
再放上蔬菜，令人食欲大增。

味噌汁鍋

味噌火鍋

準備材料（3～4人份）

雞腿肉——1塊
大白菜——1/5顆
茼蒿——1/2把
白蘿蔔——5 cm
紅蘿蔔——5 cm
蔥——1根
香菇——4朵
豆腐——1/2塊
水——適量
昆布——10×10 cm
味噌——適量

作法

1 將所有食材切成易入口的大小。
2 將水和昆布放入鍋中加熱。在即將煮沸前取出昆布溶入味噌，再將①的材料一一加入鍋中，煮熟即可食用。

記得有次我們開車到奧多摩及秋川溪谷玩，在當地品嚐了味噌口味的火鍋。由於難忘那火鍋的美味，於是我便在家裡試著煮了起來。

事實上在那之前，我認知的鍋料理大概只有涮涮鍋和壽喜燒兩種。因此在煮這個火鍋時，有種嚐鮮的心態。

我們家火鍋湯底通常以紅味噌或麥味噌爲主，平常煮味噌湯也是如此，不大喜歡用白味噌。

這個火鍋不管放什麼蔬菜都非常好吃。只要寒冷的冬天一到就特別想吃。

鶏団子鍋

雞肉丸子火鍋

準備材料（3～4人份）

雞絞肉——300g

A
- 雞蛋——1個
- 鹽——½小匙
- 太白粉——1大匙
- 味醂——1小匙

大白菜——⅕顆

蔥——1根

茼蒿——½把

豆腐——½塊

香菇（去蒂頭）——4朵

B
- 水——適量
- 昆布——10×10cm

柑橘醋醬油——適量

作法

1 將雞絞肉與A材料混合揉攪。

2 將大白菜、蔥、茼蒿、豆腐、香菇切成容易入口的大小。

3 將B材料放入鍋中加熱，沸騰後，用湯匙挖①的餡料一顆顆丟進鍋裡，再放入②切好的材料。煮熟後沾柑橘醋醬油食用。

這是從前住在福岡的時候，在水木弟弟家第一次吃到的火鍋。實在是太好吃了，因此還請教了作法。

從此以後，這道火鍋便成了我們家冬天愛吃的美味。

卡士達布丁&牛奶咖啡凍

カスタードプリン&ミルクコーヒーゼリー

滑溜順口，家裡必做的兩道點心。
連女兒們都誇比外面賣的還好吃！

カスタードプリン
卡士達布丁

準備材料（小布丁模5個量）

雞蛋——2個
牛奶——1又½杯
砂糖——40g
香草精——適量

焦糖醬（較好製作的量，約10個布丁份）

A 細砂糖——60g
　水——1匙
熱水——40ml

作法

1 先做焦糖醬。在小鍋裡放入A材料加熱混和。當呈現焦黃色澤時，邊一點一點加入熱水邊攪拌，均勻後關火。接著趁熱移至保存容器中。

2 將雞蛋打成蛋液，加入一撮砂糖（另備），再用打泡器充分混合均勻。

3 在小鍋裡放入牛奶和砂糖加熱。待砂糖完全溶於牛奶後，將②慢慢地倒入，並加入香草精攪拌。

4 在每個布丁模具裡分別先加入½小匙的①，接著將③邊過篩邊注入模具中。完成後，將布丁模放入已經熱氣蒸騰的蒸器裡，用大火蒸煮兩分鐘後，再轉小火約八到十分鐘。

5 關火放涼後，再移入冰箱冷藏。

這是我的拿手點心之一。作法是姊姊教我的。記得第一次看到布丁時，我還以爲是西式的茶碗蒸呢。吃下一口，嘴巴裡充滿了香草的香味以及焦糖略帶焦苦的甜味……當時是相當時髦的一種點心。

由於我太常做布丁了，索性就把那些空的果醬瓶都拿來裝焦糖醬。雖然這是我爲孩子準備的點心，水木也非常愛吃。平常不愛吃乳製品的他，卻經常吃卡士達類的點心。

有時客人來了，我還會在布丁上面擠些鮮奶油或是放上草莓來招待客人。

ミルクコーヒーゼリー
咖啡牛奶凍

準備材料（小果凍模3～4個量）

牛奶——¼杯
砂糖——4大匙
咖啡（無糖）——1杯
吉利丁粉——5g
水——1大匙

作法

1 將吉利丁粉加水使其膨脹。
2 在小鍋裡倒入牛奶與砂糖加熱。等砂糖溶解後再加入①，接著再倒入咖啡混合攪拌。
3 注入模具，待放涼了，再移入冰箱冷藏。

以前可沒有咖啡凍上面擠一團鮮奶油這般華麗的甜點喔。

這是我從喝剩的咖啡該如何二次利用的角度出發所發想出來的甜點。嗯，也可說是我拿手的缺錢料理。雖然如此，既加了砂糖又加了牛奶，我感覺在當時已是十分豐盛的點心了。女兒們都吃得開心極了。

水木家 Memo 4

每次一泡完咖啡，就要清洗晾乾法蘭絨濾網

即使沒錢，水木唯獨對咖啡十分講究。他從來不喝即溶咖啡。他用微薄的稿費買咖啡豆，再細心地法蘭絨濾網滴泡咖啡。

每次只要水木一喝咖啡，女兒們也會想喝。而他總是嚇她們：「喝了會長鬍子喔！」

咖啡接觸空氣久了，就會有股味道，因此只要泡完咖啡，我就會立刻清洗用過的法蘭絨濾網，並且把它晾乾。每當聞到咖啡的香氣，我總會懷念起那段時光。

那些和我一起走過懷念時光的珍貴用具

這些放在水木家廚房裡的，都是我一點一滴購入的可愛用具。為了讓家人吃得開心，每個用具都成了我的好幫手，充滿令人懷念的回憶。

那些和我一起走過懷念時光的珍貴用具

用具解說

那些和我一起走過懷念時光的珍貴用具
這些放在水木家廚房裡的，都是我一點一滴購入的可愛用具。為了讓家人吃得開心，每個用具都成了我的好幫手，充滿令人懷念的回憶

壓力鍋

自從購買至今已經用了三十五年了。舉凡高麗菜捲等燉煮菜餚，或是燉菜頭……只要用上這個鍋，任何料理都能變好吃。是一只非常神奇的鍋子。

切蛋器

只要煮熟的蛋用這個來切片，並且和咖哩放一起端上餐桌，女兒們都十分高興。做三明治時也十分好用。

食譜

剛結婚的時候，哥哥送給我中西日餐三本食譜書。這是其中的一本。家中經濟拮据時，我不照書上的步驟來做菜，而是參考書上的內容想出更經濟實惠的菜餚。

造型飯模

這是做蛋包飯時，為了讓孩子吃得開心，特地買了一個杏仁形狀的飯模。

茶具組

這是大約在四十年前，在吉祥寺的伊勢丹百貨第一次買給家人用的茶具。水木自己有專用的咖啡杯，而我和孩子一直以來只能拿喝日本茶的杯子來將就，於是抱著嚐鮮的心情買了這一組茶具。

牛奶鍋

不僅用來加熱牛奶，炒芝麻的時候也能使用，是個用途極廣的鍋子喔。鍋柄是我拿一塊木製砧板用菜刀削製而成的，實在很令人懷念。

果凍模&布丁模

它們為了孩子，已經無數次活躍在餐桌上了。應該也是四十年前購入的。

每逢生日、女兒節、值得慶祝的日子、
或是要請客的時候
「今天來換換口味，
吃點豐盛的大餐吧！」
爲了這一個特別的時刻所準備的菜單。

家人一起慶祝
特別節日的料理

壽喜燒

すき焼き

湯底裡加入醬油、砂糖偏甜的關東風。吸滿湯汁的車麩美味更勝肉片。

散壽司

ちらし寿司

味道清爽不油膩。改變配料切法，做成太卷壽司也大受歡迎。

すき焼き

壽喜燒

準備材料（3～4人份）

牛肉——400g

A 砂糖、醬油——各½杯
　酒、水——各¼杯

車麩——2個

金針菇——½束

香菇——4朵

大白菜——⅛顆

蔥——1根

茼蒿——½把

烤豆腐——½塊

牛油（有最好，或者是沙拉油）——適量

雞蛋（打散）——4個

作法

1 在鍋裡放入A等材料，煮沸後，做爲湯底備用。

2 車麩放入溫水（另備）中泡軟，接著瀝乾水分，切成易食用的大小。牛肉以外的食材也都切成容易入口的大小。

3 在鍋裡塗上牛油加熱，接著放入牛肉迅速熱烤一下，隨即加入①的湯底與③切好的配料，煮熟後沾著蛋汁食用。

星期日我經常開著車載全家到百貨公司買東西。在新宿有家賣壽喜燒的餐廳，我吃了以後，便試著用自己的方法重現當時的味道，而這也變成我們家壽喜燒的固定作法了。

我個人不是那麼愛吃蒟蒻絲，但水木和二女兒特別愛吃。若讓愛吃滑溜食物的水木去買配料，必定會買一大堆蒟蒻絲回來。

吃剩的壽喜燒，我會混著蛋汁煎成蛋餅，讓孩子隔天帶便當。

ちらし寿司

散壽司

準備材料（3～4人份）

米——2杯

A
醋——¼杯
砂糖——1又½大匙
鹽——1又½小匙

乾香菇——2朵
水——2又½杯

B
葫蘆乾——10g
泡完乾香菇的水——全部倒入
醬油——2大匙
砂糖——4大匙

雞蛋（打散）——2個
沙拉油——少許
豌豆莢——10片
日式豆皮——1片
紅蘿蔔——3cm
水煮竹筍——1小條
蓮藕——½小節
黃瓜——1條

C
高湯——1杯
砂糖、醬油——各2大匙

炒過的芝麻（黑）——2大匙
海苔（切成細條）——適量

作法

1 將米放入電鍋煮，但不要煮得太軟。趁熱將已經拌好的A壽司醋倒入飯鍋中混合，攪拌到讓米飯不結塊爲止。

2 將乾香菇放入適量的水中泡軟，切掉蒂頭，泡過香菇的水放著備用。葫蘆乾用鹽（另備）揉搓清洗後，再稍微燙一下。

3 將B材料倒入鍋中開火煮乾香菇和葫蘆乾。待葫蘆乾入味後就先取出，乾香菇則再燉煮一會兒。接著將兩樣食材瀝乾湯汁後切碎。

4 在平底鍋裡倒入沙拉油預熱，將蛋汁緩緩倒入煎成薄片，再切成條狀做成蛋絲。豌豆莢用鹽水（另備）燙過，再對半斜切。

5 日式豆皮用熱水汆燙去油，和紅蘿蔔一起切成細條。竹筍和蓮藕都切成小丁。

6 將黃瓜切成小圓片抹上鹽巴（另備），瀝乾水分。

7 將C倒入鍋裡煮沸，加入⑤的材料繼續烹煮至收汁爲止。

8 在①的壽司飯混入③、⑥、⑦的材料以及芝麻，再撒上④的蛋絲、豌豆莢以及海苔即大功告成。

這是一道在重要日子才會做的大菜，春天的時候做的較多，特別是雛祭（女兒節）。記得長女出生時，娘家的父母還特地拿錢給我說：「去買些雛人形（日式娃娃）來擺吧。」但是當時生活實在太艱苦，只能瞞著父母將那筆錢拿去墊付生活費。直到二女兒出生時，才買了七層偶人壇。從那以後，總算每年都能開開心心地擺飾人偶過女兒節了。

茶碗蒸

茶碗蒸し

一口接一口，碗底還有滿滿的蒟蒻絲。吃飯就要吃到飽，是我們家一貫的傳統。

菠菜蛋捲

ほうれん草の卵巻き

淋上醬油的菠菜包一層薄薄的蛋皮，
重要場合端上桌的菜餚。料理賞心悅目也很重要。

茶碗蒸し
茶碗蒸

準備材料（2人份）

雞腿肉（切成小塊）——50g
A 酒、醬油——各1大匙
菠菜——1株
蒟蒻絲——10g
雞蛋——2個
B 高湯——1又½杯
醬油——1大匙
酒——1大匙
鹽——少許
蝦（去泥腸、殼、尾端）——2尾
香菇（除去蒂頭、切薄片）——1朵
煮過的白果——2顆
鴨兒芹（粗略切一下）——適量

作法

1 將雞肉與A材料倒入鍋裡炒乾。
2 將菠菜用鹽水（另備）燙過，再浸泡冷水，接著瀝乾水氣，切成每段3cm的長度。蒟蒻絲放入溫水中泡軟，再瀝乾水氣切成易食用的長度。
3 將雞蛋打成蛋汁，與B材料混合攪拌。
4 在平均將蒟蒻絲、雞肉、蝦、香菇、菠菜、白果放入茶碗中，再倒入③的蛋汁。
5 將④的茶碗放入已經熱氣蒸騰的蒸器裡，接著開大火蒸煮兩分鐘，再轉爲小火蒸八到十分鐘。蒸好後再放上鴨兒芹。

茶碗蒸爲什麼是特別的料理？可能很多讀者都覺得奇怪吧。

小時候在老家，能夠吃到有雞肉有蛋的茶碗蒸可是非常奢華的一餐。現在的人可能無法想像雞蛋在我們那年代是非常珍貴的食材。因此茶碗蒸是只有在祭典或是特別的日子才會擺上桌的料理呢。每當我品嚐到它，總會想起故鄉秋天的祭典。

ほうれん草の卵巻き

菠菜蛋捲

準備材料（2人份）

菠菜——1把
醬油——少許
雞蛋（打散）——1個
沙拉油——少許
A 高湯——½杯
醬油、味醂——各½大匙
炒過的芝麻（白）——適量
柴魚片——適量

作法

1 將菠菜放入鹽水（另備）汆燙，再浸泡冷水，接著瀝乾水氣，淋上醬油。
2 在平底鍋裡倒入沙拉油預熱，讓蛋汁緩緩流入，煎成薄薄一片蛋皮。
3 在捲簾上放上蛋皮，再放上菠菜捲起。
4 將A倒入鍋裡開火煮沸。
5 將捲好的③切成適量大小，在切口撒上芝麻裝盤，再倒入煮好的④，最後撒上柴魚片即大功告成。

這道菜本身沒有使用到複雜的食材。不過雖說簡單，蛋的黃色、菠菜的綠色看起來好美。將切口朝上裝盤，即使樸素的菜餚感覺也變精緻了呢。

水木家 Memo 5

過著沒有生日也沒有結婚紀念日的每一天

孩子還小的時候，我們總會忘了水木的生日。因為他老是工作太忙，不常在家吃飯，也不喜歡吃蛋糕，又不喝酒，於是就沒想到要慶祝這類的事。當然，本人也絕對不會說希望能開著盛大的慶生會。

由於水木的工作實在太忙，總覺得跟他說聲生日快樂，或送禮物都不是時機。為了家庭生計他努力拚死拚活的，整個人都處在一個緊繃的狀態中。

就連我們的結婚紀念日也是，時常都過了才想起「咦，好像是昨天嘛」的感覺。即使我當天告訴他，他的反應也只是平淡無奇的「喔」一聲而已。水木基本上就是這付德性。不過女兒們說：「說不定老爸只是害羞不好意思吧？」

三明治屋

サンドイッチの
お家

即使只是平常的三明治，在裝盤上花點巧思，
就能為孩子製造歡笑。大家一人抓一片好快樂。

準備材料（較好製作的分量）

三明治專用吐司——12片
雞蛋——1個
A 美乃滋——3大匙
胡椒——少許
B 奶油、黃芥末醬——各適量
黃瓜（斜切薄片）——1條
萵苣（撕成適合夾吐司的大小）——適量
火腿——2片
魚肉香腸（切成長條薄片）——½條
櫻桃蘿蔔——1個
巴西利——適量

作法

1 將雞蛋水煮到熟透，然後切碎混入A材料中拌勻。

2 在六片吐司的單面上塗上攪拌混合好的B，再適量地放上①、黃瓜、萵苣、火腿。再用其餘的吐司分別夾起並包上保鮮膜，從上面壓實。

3 將②一半的量從對角線切成三角形，另一半的量則對切成兩個長方形。用切好的吐司拼湊出家的形狀，屋頂上方放上兩條魚肉三明治，再用櫻桃蘿蔔與巴西利裝飾盤面。

在孩子的生日會或是家裡賓客眾多的時候，我通常會做這道料理。三明治看起來很豐盛，所以大家都很開心。如果再多用些吐司（700至800g）做更大的房子，孩子看到這麼巨大的三明治屋就更高興了。甚至還會有人說：「房子垮掉就太可惜了，實在捨不得吃哪。」

Column

「好不容易多煮了菜，卻被水木藏起來」之雜誌攝影

わが家の夕めし

今夜の献立
マメごはん　カレイの煮つけ　板わかめ　タマゴ焼き（子供用）

こころ食卓になし

水木しげる（漫画家）

ぼくはこの十年来ゆっくり味覚を味わうという気持になったことがない。しょっちゅうマンガの筋におわれているのです。

したがって何を食べても大差がない。それに食事のときには夕刊を五種類ぐらい見なければならず、なにものかにおわれているようにかたづける。だから、おいしいものを食べてみようと思ったこともあまりないし、これはうまいと、ヒザをたたいたこともない。自動車があわただしくガソリンをつめられ、あわただしくエンジンをかけられるようなもんです。

それに締切の恐怖心におわれて食卓には十分以上おれないから早く口に入れられるものをえらぶ。食事だけではない。むやみにトイレに滞在することさえ許されない。三十秒ぐらいで熱心にする。食事も同様でただ熱心につめこむのです。

もう人間の生活ではない。テレビも十年来みたこともなく、散歩は一日に十分しか許されない。ぼくはもうこんな生活を長くつづけようとは思わない。

人間はやはり、ゆっくりめしを食い、ゆっくり糞をするべきだと思っている。

写真　左から布枝夫人　次女悦子ちゃん　水木氏　長女尚子ちゃん

水木答應《Asahi Graph》雜誌（昭和43年7月19日號）來採訪我們家晚餐的情況。於是我比平常稍微多煮幾道菜，水木卻說：「別硬裝門面！」把菜給藏起來了。我本來想，其實沒什麼菜，但還是盡可能讓餐桌上的菜色看起來豐富一點。無奈水木實在是太害羞了，生性就不喜歡這樣裝模作樣。只是，可惜了我特地做的那些菜哪。

正因爲平淡樸實，所以才滋味無限，
或許一直忘不了那清淡的美味，
所以即使住在東京這麼多年，
直到現在我們夫婦還是愛吃故鄉山陰的好滋味。

水木家的傳統

懷念的故鄉滋味

赤貝煮

赤貝煮

提到山陰（註）春天的味道，就是這一味。肉質肥美，風味絕佳。

（註：泛指本州西部濱臨日本海的地區，作者的故鄉鳥取縣也在其中。）

赤貝蒸飯

赤貝ご飯

吃得到赤貝的濃厚甘甜，
讓人忍不住頻頻添飯的好滋味。

赤貝煮

赤貝煮

準備材料（較好製作的分量）

赤貝（血蚶）——500g

A ┌酒——¼杯
　└醤油——½大匙

作法

1 將赤貝的殼彼此摩擦搓洗，沖洗乾淨。

2 在鍋裡放入赤貝及A材料，蓋上鍋蓋煮至沸騰。輕輕搖晃鍋身，待赤貝殼全都打開後即可上桌。

故鄉懷念的味道
還有這一味

板わかめご飯

乾海帶芽飯

乾海帶芽片是從老家寄來的。打開聞得到春天岩岸邊海的氣味。放在網子上輕輕地烤一下，變成脆片狀後，趁熱撒在飯上食用。請務必試試這道簡單的美味。每年春天，我們家照慣例總要打掃掉落地上的海帶芽碎屑。

赤貝ご飯

赤貝蒸飯

準備材料（3～4人份）

米——2合
赤貝（血蚶）——500g
酒——¼杯
牛蒡（切絲）——½條
紅蘿蔔（切細絲）——5cm
日式豆皮（切細絲）——1片
A 赤貝的蒸汁——全部的量
　酒——1大匙
　醬油——2大匙
水——適量

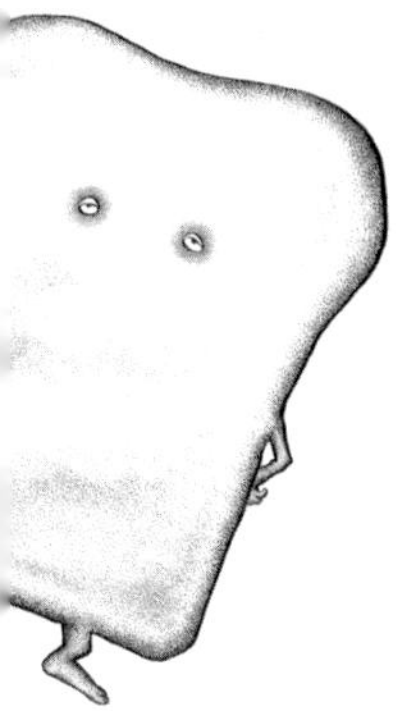

作法

1 洗完米後浸泡在水裡三十分鐘。瀝乾水分。

2 在鍋裡倒入赤貝和酒，開中火蓋上鍋蓋，待赤貝開口，將殼中挖出貝肉。蒸過赤貝的水留下備用。

3 將①的米放入電鍋中，倒入A材料後再加水至適當的位置。接著放上赤貝肉、牛蒡、紅蘿蔔、豆皮後蓋上炊煮。

赤貝煮、赤貝蒸飯都是我小時候冬天必吃的應景食物。我們家的赤貝都是從老家寄上來的。相較於東京買的赤貝，殼略小，肉質飽滿。

　雖然現在已經是衣食無虞的時代了，但是對於小時候吃到的那些家鄉味，還是難以忘懷哪。

沙丁魚丸子

いわし団子

連挑嘴的婆婆也說「好吃！」
如果炸過，吃起來就像炸甜不辣，也深獲好評。

乾燒鰈魚

カレイの煮付け

提到我們家的乾燒魚，用的是帶卵的鰈魚。
吃剩的煮汁當做隔日做菜的調味還是一樣好吃。

いわし団子

沙丁魚丸子

準備材料（較好製作的分量）

沙丁魚（去骨切成魚片）——5尾

A
- 雞蛋——1個
- 酒糟（如果有的話）——2大匙
- 味噌——40g
- 味醂——1大匙
- 麵粉——2大匙
- 薑（磨成泥）——1塊（約拇指的一半大小）

牛蒡（切絲）——½條

紅蘿蔔（切成¼圓片）——5cm

蔥（切成蔥花）——1根

B
- 醬油、薑泥——各適量

作法

1 利用食物處理機攪打沙丁魚與A材料成魚漿狀。

2 將牛蒡、紅蘿蔔、蔥混合①再攪拌。

3 煮沸一鍋熱水，接著用小碟子挖起一團②的魚漿，填滿整個小碟壓實。再用另一個小碟子挖開使其滑進鍋裡燙煮。

4 待丸子煮透浮起時，再煮一會兒後，撈出瀝乾水分，裝盤放上B等配料。

大多數的家庭可能會直接做成「沙丁魚丸湯」，但我們家湯還會另外煮。酒糟則是老家那邊寄來的。

在做沙丁魚丸時，我利用了小淺碟來挖魚漿，並且做出外側扁平中間鼓起的魚丸。公公和水木特別愛吃剛煮好的魚丸，一口接一口地吃個不停。孩子們則偏愛油炸。

至於煮過的湯，我會加入味噌、豆腐和蔥，做成味噌湯來喝。

カレイの煮付け
乾燒鰈魚

準備材料（2人份）

切好的鰈魚塊（帶魚卵的）——2塊
A 酒——½杯
砂糖、醬油——各2大匙

作法

將A倒入鍋裡，待煮沸後放入鰈魚蓋上「落蓋」，邊淋煮汁邊以中大火煮八到十分鐘。

山陰出身的我們，餐桌上經常會出現的魚有，鰈魚、沙丁魚、平鮋、角仔魚、紅鱸、青花魚……但卻沒有吃過青甘魚。我們的故鄉可是青甘魚的產地，甚至結婚的時候還有餽贈青甘魚的習俗，但水木就是不喜歡吃。

在山陰地區能捕獲到肉質鮮美的鰈魚。從老家寄來的鰈魚乾與在東京買的味道截然不同。平日對食物講究的婆婆甚至還說：「東京的魚（難吃到）根本吃不下！」

水木特別愛吃乾燒鰈魚的魚卵。我和孩子總是只吃到沒有魚卵的部分和魚尾巴而已。

至於吃完剩下的煮汁，我經常會拿來熬煮蘿蔔乾。

故鄉懷念的味道
還有這一味

もずく酢
水雲醋

準備材料（2人份）

生水雲（海蘊）——½杯
小黃瓜——½條
薑——適量
A 薑、味醂、醋——各1大匙

作法

1 將水雲洗淨並瀝乾水分。黃瓜切成圓切片撒點鹽巴（另備）暫放一旁後，再瀝乾水氣。生薑直接切成絲狀。

2 在大碗裡混合A材料並倒入①的配料攪拌，最後盛入容器裡即可食用。

老家的水雲吃起來特別柔軟黏滑，而且像頭髮那麼細。和沖繩產的水雲口感完全不同。

小魚乾高湯的濃厚甜味與芝麻油的香醇。
雖然是素菜，口感保證讓人大大滿足。

豆腐雜菜湯 けんちゃん

準備材料（2人分）

牛蒡（切絲）——½條
里芋（小芋頭・切成易食用的大小）——3個
紅蘿蔔（切成¼圓薄片）——5cm
白蘿蔔（切成¼圓薄片）——5cm
蒟蒻（用手撕成小塊，先煮過）——½塊
日式豆皮（切成長條薄片）——½塊
豆腐（木綿・去水分）——½塊
沙拉油——適量
小魚乾高湯——1又½杯
A 醬油、味醂——各3大匙
芝麻油——適量
青蔥（切蔥花）——5根

作法

1 在鍋裡倒入沙拉油預熱，放入牛蒡、里芋、紅蘿蔔、白蘿蔔、蒟蒻、豆皮，再將豆腐輕輕搗碎邊加入鍋裡邊炒。

2 鍋內全部食材都炒勻後，加入高湯燉煮。等到配料都煮軟，再加入A等材料調味。最後盛入碗中淋上麻油，撒上蔥花即可食用。

爲什麼不是建長汁（けんちん汁）而是けんちゃん？

其實這個名稱的由來我也不清楚。只是我在老家安來的時候，大家都這麼稱呼這道湯。

雖然現在已經是衣食無虞的時代了，但是對於小時候吃到的那些家鄉味，還是難以忘懷哪。

鬼太郎的餐桌

作者　武良布枝
譯者　戴偉傑
美術設計　兩棵酸梅
責任編輯　林如峰
國際版權　吳玲緯
副總編輯　陳瀅如
編輯總監　劉麗真
總經理　陳逸瑛
發行人　凃玉雲
法律顧問　元禾法律事務所 王子文律師
出版　麥田出版
台北市中山區104民生東路二段141號5樓
電話：(02) 2-2500-7696　傳真：(02) 2500-1966
blog：ryefield.pixnet.net/blog
發行　英屬蓋曼群島商家庭傳媒股份有限公司城邦分公司
台北市民生東路二段141號11樓
書虫客服服務專線：02-25007718・02-25007719
24小時傳真服務：02-25001990・02-25001991
服務時間：週一至週五09:30-12:00・13:30-17:00
郵撥帳號：19863813　戶名：書虫股份有限公司
讀者服務信箱E-mail：service@readingclub.com.tw
歡迎光臨城邦讀書花園　網址：www.cite.com.tw
香港發行所　城邦（香港）出版集團有限公司
香港灣仔駱克道193號東超商業中心1樓
電話：(852)25086231　傳真：(852)25789337
E-mail：hkcite@biznetvigator.com
馬新發行所　城邦（馬新）出版集團【Cite (M) Sdn Bhd】
41, Jalan Radin Anum, Bandar Baru Sri Petaling,
57000 Kuala Lumpur, Malaysia.
電話：(603)90578822　傳真：(603)90576622
E-mail：cite@cite.com.my
印刷　中原造像股份有限公司
總經銷　聯合發行股份有限公司
電話：(02)2917-8022　傳真：(02)2915-6275
初版　2013年11月
定價　新台幣280元
ISBN　978-986-344-016-1　Printed in Taiwan

ゲゲゲの食卓

GEGEGE NO SYOKUTAKU by © NUNOE MURA

城邦讀書花園
www.cite.com.tw

國家圖書館出版品預行編目資料

鬼太郎的餐桌 / 武良布枝著；戴偉傑譯. -- 初版. -- 臺北市：麥田出版：家庭傳媒城邦分公司發行, 2013.11 面；　公分　　譯自：ゲゲゲの食卓　ISBN 978-986-344-016-1(平裝)
1.飲食 2.食譜 3.文集
427.07　　102021711